リネン屋さんの リネンの本

リネンバード

リネンの心地よさを伝えたくて
お店を開きました。

2003年の春、東京・二子玉川の小さな通り沿いにリネン（麻）のお店「リネンバード」を開きました。ベッドやテーブル、キッチンまわりの麻製品や麻の生地を扱う専門店です。
「どうしてリネンなの？」と、よく聞かれます。実際のところ、それほど大そうな考えを持っているわけではありません。ただ、独特のさらりとした風合いが好きで、その心地よさを少しでもたくさんの人と分け合いたいと思ったのが始まりでした。
そうはいっても、「この気持ちよさをわかってくれる人はきっといる！」という確信も不思議とどこかにありました。そしてオープンしてもうすぐ3年、この思いが現実となり、多くの方々に来ていただけるようになって、とてもうれしく思っています。
リネンは、長く使い続けるほどに風合いが増し、ますますなじんでいくことも大きな魅力です。暮らしの中にリネンを取り入れることで感じられる豊かな気持ち、自然素材のよさに触れる喜び、そして流行に左右されず、毎日使ってもあきないもののすばらしさを伝えていけたら、と思っています。
この一冊では、リネンの魅力をさまざまな角度から紹介します。実際にお店を訪れて商品を手に取って選ぶような気分で楽しんでみてください。

リネンには、2つの楽しさがあります。

「リネンを使う」楽しさ

キッチンタオルやパジャマ、バスタオル……。生活のあらゆるシーンで使いたいリネン製品があります。ほとんどがベルギーやイタリア、フランスなどから輸入したもの。「少し値段が高いかな？」と最初は思われるかもしれませんが、とても長持ちしますし、飽きがこないので長い目で見れば経済的。リピーターも増えてきました。

「 リ ネ ン で 作 る 」 楽 し さ

製品としてのリネンだけではなく、生地そのものを扱うことで、手作りの楽しさや自分だけのオリジナルを作るうれしい気持ちを広めたい、と考えています。さまざまな色、質感、厚みの生地はどれも、ベルギーやフランス、リトアニアなどからの輸入品。お店の中にはスペースの関係上、ほんの一部しか置くことができませんが、約200種類の生地見本の中から選ぶこともできます。

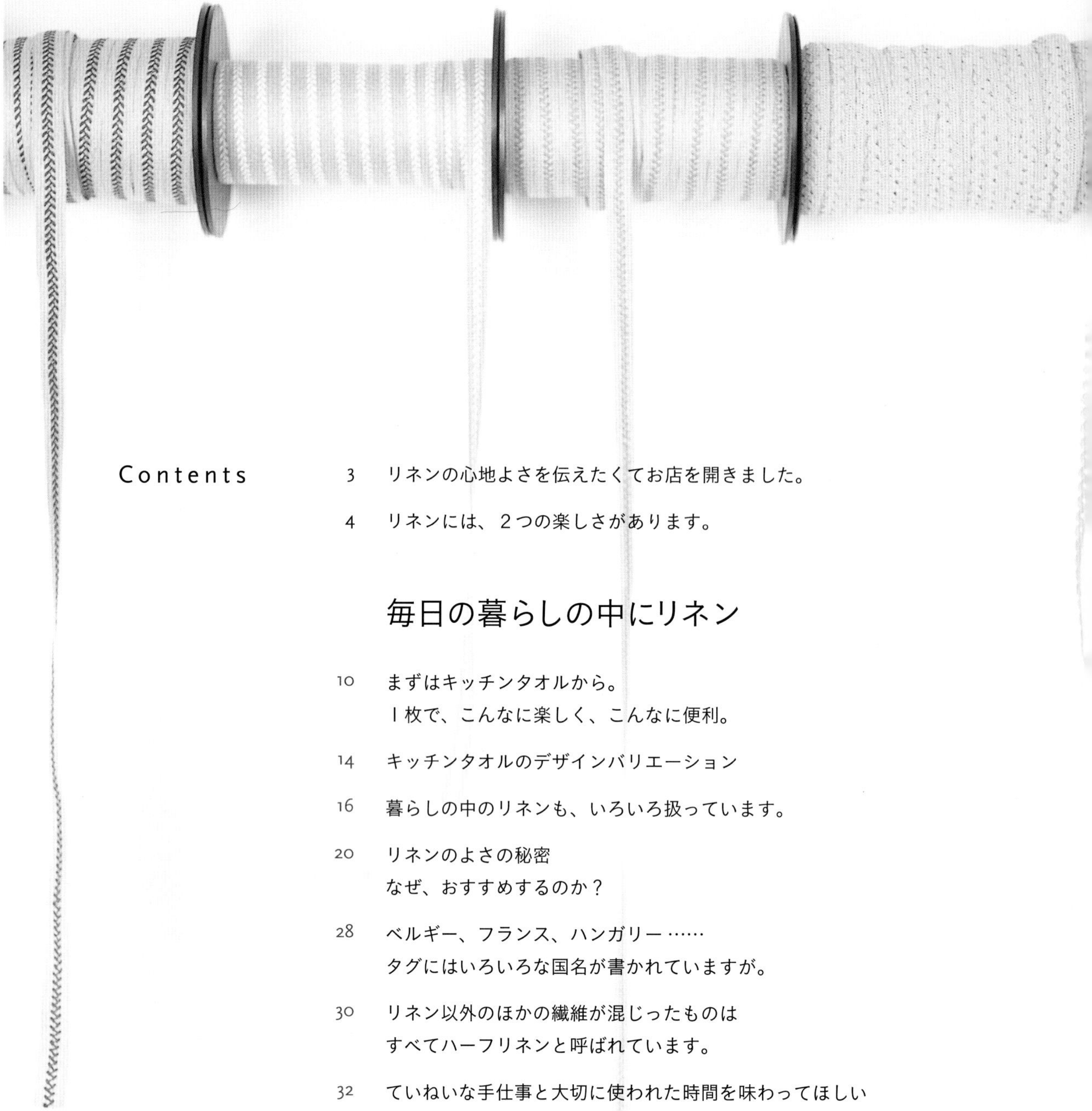

Contents

作る素材としてのリネン

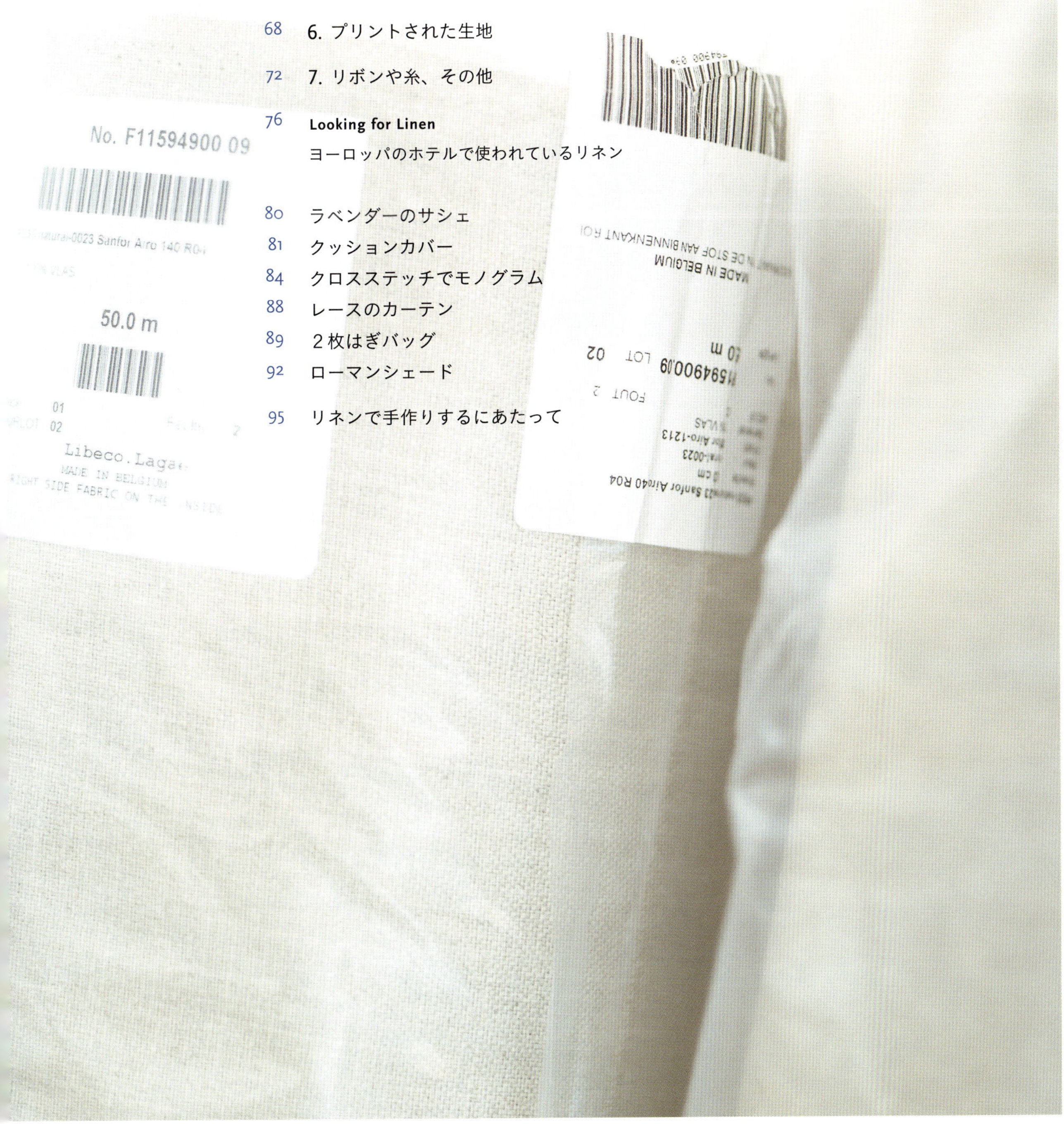

毎日の暮らしの中にリネン

綿に比べてリネンにはどうしても、
敷居が高いというイメージがあります。
でも実際には、
肌触りのさわやかさはもちろん、
毎日しっかり使って、しっかり洗える
とても実用的な素材です。
家の中で使われる布製品一般を
「ハウスリネン」と呼ぶのは、
古くからリネンが、人々の暮らしに
根づいてきている証拠のひとつ。
暮らしの中で使ってこそ、
本当の価値がわかるリネンは、
使うほどに肌になじみ、
独特の風合いが生まれるのも、
その大きな特徴です。
暮らしのあらゆる場面で活躍させて、
じっくり長く使うことでわかるよさを
実感してみてください。

まずはキッチンタオルから。
１枚で、こんなに楽しく、こんなに便利。

初めてリネンに触れる人が、気軽に、すぐにそのよさを実感できるのが、キッチンタオル。
水分を吸い取る速度はコットンの４倍といいますから、「拭く」素材としてどれだけ優秀か、おわかりいただけると思います。
さらにたちまち乾くのもうれしいところです。
普通のふきんに比べれば安くはありませんが、耐久性を考えると実は意外と経済的。デザインもすてきなものがいっぱいあるので、ひとつ手に入れるとはまって次々と増やしてしまう人が多いようです。
いろんな使い方ができるから、用途別に、気分に合わせてと、楽しく使い分けてください。

拭く

もっとも基本の用途。ヨーロッパのものは日本製に比べて大きいので、食器をたくさん拭いてもすぐにびしょびしょになったりしません。

敷く

かごやトレイに重ねて敷いたり、ランチョンマット代わりに使ったり。リネンの柔らかな質感と清潔感あふれるチェックがキッチンの印象を変えます。

クッションにする

グラスなどのわれものを運んだりするときもリネンのキッチンタオルが大活躍。柔らかく、ほどよい厚みなのでごわつかず、きっちりおさまるのもいいところ。

カラフルなストライプや伝統柄、キュートな花柄など、キッチンタオルはデザインの豊かさも魅力のひとつ。ここでは黒のトースターに合わせ、シックな黒のチェックを。

上からかける

シンプルなカーテンにも

キッチンタオル特有のさわやかなラインを利用して目隠しカーテンに使っても。そのままカーテン用のクリップで留めるだけの手軽さです。

包む

大判なのでたいていのものをすっぽり包めます。また、しなやかでものの形になじむから、紙では包みにくい丸みのあるものも上手に包めます。

キッチンタオルのデザインバリエーション

カラフルなストライプにチェック、ふちにラインなど、かわいらしいものからシックで大人っぽい雰囲気のものまでさまざまな種類があります。キッチンのイメージに合わせて選んでみてはいかがでしょう。

暮らしのなかのリネンも、いろいろ扱っています。

キッチンタオルでリネンの気持ちよさに気づいたら、今度は家じゅうあらゆる場面でそのよさを味わいたいもの。クッションをはじめとするインテリアのリネン、お風呂上りの体を包んでいっきに水を吸い取ってくれるバスタオル、サラリとした肌触りが心地よいシーツ。リネンに囲まれて暮らす幸せをぜひ堪能してください。

ブランケット

インテリアとしてのリネン

素朴でカジュアルでありながらも、どこか気品がただよう。これがリネンの持ち味です。インテリアに使うと、部屋全体もリネンと同じように上品な印象に変わるはず。ソファのカバーにしたり、カーテンに使ったり。面積の大きいものなら、より効果的です。また、コットン、ウール、革製品などと合わせて使ってもまったく違和感がないところも、リネンの懐の深さといえます。

クッション

テーブルクロス

エプロン

テーブル・キッチンまわりのリネン

リネンのテーブルクロスやナプキンは、昔から最高級レストランでも使われている格式の高いもの。パリッとアイロンをかけたクロスをかけるだけでテーブルが一段グレードアップ。もちろん、あえてラフに使ってもＯＫ。さらりとした質感がいつものテーブルを違った印象に変えてくれます。水をはじく性質もあるので、しみがついてもすぐに洗えばたいてい落ちます(詳しくは21ページ参照)。

ランチョンマット

バスタオル

バスローブ

バスルームのリネン

サラッとした触感、すーっとたちまち水を吸い込む吸水性のよさ、それなのにあっという間に乾いてしまう速乾性。リネンの性質は、どれをとってもバスタオルにぴったり。綿パイルのタオルのようなふかふかの触感とはまた別ですが、ちょっとシャリッ、ひんやりとする肌ざわりは、意外とクセになる人も多いよう。特に夏場はおすすめです。

ランドリーバッグ

デュベカバー

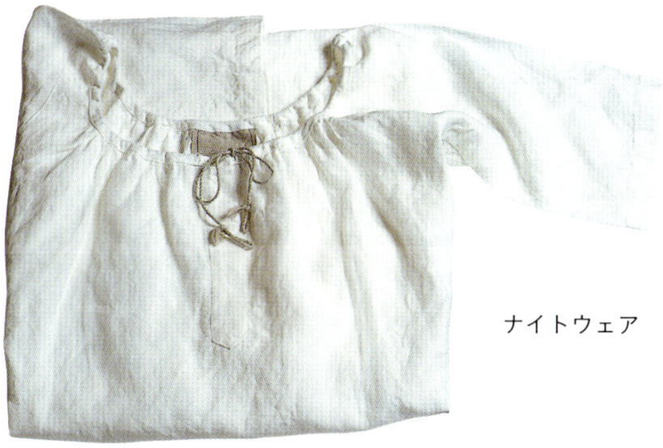

ナイトウェア

ベッドルームのリネン

サラリとして、つかず離れずふんわりと体を包むような肌触り。一度使い始めると、すっかり虜になってしまう寝心地のよさに、「これでないとダメ」という人も急増中です。夏だけのものと思いがちですが、吸湿・速乾の働きによってサーモスタットのような効果を発揮するので、思いのほか暖かく、一年中使えます。少々値が張りますが、その価値はあると太鼓判を押せるアイテムです。

ピローケース

リネンのよさの秘密
なぜ、おすすめするのか？

見た目が美しくて肌触りがよいだけでなく、実はとても丈夫で実用的なリネン、もったいないと思わず、ぜひ毎日使ってください。
自分のものとして育てるような喜びを味わえるのも、リネンの魅力。日々の暮らしの中で使い込んでなじませてこそ本当のよさがわかっていくのです。

洗濯機でガンガン洗っても大丈夫

中性か弱アルカリ性洗剤を使い、
ぬるま湯で洗えばベスト。

リネンは洗濯など、扱いが面倒だと思い込んでいませんか？
たしかにリネンの洋服などにはドライクリーニングのマークがついていますが、日常使うクロス類やベッドリネン、パジャマなどは、くたっとした風合いも味わい。ほかの洗濯ものといっしょに洗濯機で洗ってしまってかまいません。
耐久性がコットンの２倍といわれるリネンは、見た目以上にとても丈夫。洗濯を繰り返しても、簡単に生地が傷むということはないのです。いちばん汚れが落ちやすいのは、40〜60℃くらいのぬるま湯ですが、水でももちろん大丈夫。また、白や生成りなど色落ちの心配のいらないものなら、むしろ高温のほうがきれいになります。ただし、洗剤はなるべく蛍光剤の入っていない中性か弱アルカリ性のものを使ってください。

繊細なものについては、
やさしく手洗い。

もっとも、デリケートなアンティークリネンや繊細な織り、刺繍の施されたリネンなどについては、できれば洗濯機ではなく、手洗いしたほうが安心といえます。

洗い方は難しくありません。

❶中性か弱アルカリ性洗剤を入れたぬるま湯に数時間つけておく。

❷かるく押し洗い。

❸かるくすすいでから絞る。

❹陰干しをする。

しみがついたら、
できるだけ早く処置を。

リネンの繊維には、柑橘系のフルーツのようにペクチンが含まれています。ペクチンにはゴムのような特性があるため、汚れをはじいたり、繊維自体を守ってくれる働きがあります。

とはいえ、テーブルまわりのリネンなどは、やっぱりしみがついてしまうこともしばしば。

そんなときは、

❶まず、できるだけ早くしみ抜きすること。

❷すぐにできないときは、乾かさないよう、湿らせた状態にして、あとでしみ抜き。

というポイントを守っておけば、ほぼ確実に落とすことができます。具体的なしみ抜きの方法は、しみの種類によっていくつか方法があります。

しょうゆ、ワイン、コーヒーなどのしみ

❶下にティッシュを重ねて敷く。

❷上から水でぬらしたふきんなどでトントンとたたいてしみを移す。

油脂の汚れ

❶ぬるま湯と石鹸を用意。

❷しみの部分をぬらして石鹸をこすりつけ、手でかるくもみ洗いする。

ただし、黒い点状に発生したカビについては、残念ながらなかなか取れません(アンティークリネンなどにはついていることがあります)。

塩素系漂白剤はダメ。
色柄物専用の酸素系漂白剤を。

上記の方法でしみ抜きをしてもなかなか落ちないときは、最終手段として色柄物専用の酸素系漂白剤(塩素系はダメ)を使ってください。ただし、リネンと漂白剤それぞれの表示をきちんと見ながら使うことが大切。漂白剤の使用は最小限に。生地が傷みやすくなるので、本当はなるべく使わないほうがいいのです。

すぐに乾く！

あっという間に乾いてサラサラ。
ただし、乾燥機は使わないで。

リネンのすぐれた特長のひとつが、速乾性。すばやく水分を発散してあっという間に乾きます。これはリネンが繊維の組織の中に中空の構造を持っているため。逆に吸水性にすぐれているのも、同じくこの構造のおかげです。この部分に水分を溜め込むことができるからなのです。
お日さまのもとで乾かせば、夏場ならキッチンタオルなど15分もあれば乾きます。大きなシーツも数時間で乾くので、多少くもりの日でも思い切って洗濯ができるのもありがたいところです。もちろん、よほどデリケートなものでない限り、陰干しは不要。ただし、乾燥機は生地を傷めることがあるので、使わないほうがよいでしょう。
干すときに手でしわをのばしたり、ぴんと広げたりしておけば、シーツなどもアイロンをかけなくても使えます(好みにもよりますが)。また、洋服ならハンガーにかけて霧吹きでしっかり湿らせておくと、一晩でかなりしわは消えます。

パリッとアイロンをかけたいなら、
かなり濡れている状態が効果的。

リネンをパリッとしわひとつなく仕上げたいのなら、洗って脱水した程度の湿った状態でアイロンをかけるのが効果的。完全に乾いてしまってからだと、霧吹きで水をかけたくらいではしわは消えません。アイロンの温度は麻表示のある、高温に合わせてください。

少しだけ、リネンウォーターのこと

アイロンがけの際、水のかわりにリネンウォーターを霧吹きに入れて使うと、ほんのり良い香りをつけることができます。リネンウォーターは、ハーブからエッセンシャルオイルを抽出した後に残る、香りが凝縮した水から作ったもの。アイロンだけでなく、洗濯機の柔軟剤投入口に入れたり、干す前にスプレーして香りをつけるという使い方もあります。

右は新品の生地、左は使い込んで柔らかくなったもの。見た目もこれだけ違うというのがおわかりいただけると思います。感触ももちろん、まったく違います。

使うほどに柔らかくなる

育てるように、慈しむように、
使って使ってなじませる。

洗って使うことを繰り返していくと、どんどん柔らかくなり、肌触りがよくなる。これこそ、リネンが古くから愛され続けてきた大きな理由のひとつです。古くから、鉄のように強く、シルクのように柔らかいといわれているリネン。最初は少し張りのあった生地が、しだいにくたっと肌になじむような感触に変わっていく喜びは、ほかの繊維ではなかなか味わえない醍醐味です。そもそも下着を意味するフランス語「ランジェリー」は、リネンが語源。これは、リネンがもっとも肌近くに身につけるものの定番だったことを意味し、ここからも、その着心地のよさが推し量れると思います。おろしたてはゴワゴワとして着心地のよくないジーンズが、洗ってはくことを繰り返すうちにしっくりなじんで、体の一部のように感じられるのとほぼ同じこと。ただし、はやくいい風合いにしようとして何度も洗うばかりでは、なかなか柔らかくはなりません。あくまでも実際に使ったり、手で触れたりすることが大切なのです。

きれいな色、そしてなじむ色

ナチュラル系以外の
バラエティ豊かな色のリネンにも注目を。

オーガニックなものを使いたい、という志向からリネンへの関心が高まってきたせいだからでしょうか。日本で人気があるのはどちらかというと、ナチュラル系の色味のリネン。けれども本当は、発色のよさもリネンの魅力のひとつ。染色技術が発達した昨今では、目にも鮮やかなものから微妙な中間色まで、さまざまな色が楽しめるようになってきているのです。
鮮やかな色といってもリネンの質感が加わると、どこまでもノーブル。ほかのナチュラルな感じの雑貨や家具といっしょに用いたり、インテリアに加えても違和感なくまとまりますし、落ち着いた大人の雰囲気になります。
テーブルクロスやクッションなどにカラーのリネンを使うと、それだけで部屋のイメージが変わります。でもそこは、あくまでも自然素材。たとえどんなにヴィヴィッドな色を持ってきても、毒々しい感じにはならず、木の製品などともいい具合になじむはずです。
また、ベッドリネンには、パステル系などのさわやかな色味のものを使うのもおすすめです。清潔感あふれる白も素敵ですが、やさしい色のベッドリネンは、きっと心地よい眠りに誘ってくれるでしょう。
何度も繰り返すようですが、リネンは、洗って使う、洗って使う……を繰り返すと次第に柔らかくなってきます。それと同時に、色も少しずつ落ち着いていきます。目にも鮮やかだった色が、だんだんシックで自然な色になじんでいくのもリネンを使う楽しみのひとつ。頻繁に洗濯するものなら、思いきって目にも鮮やかな色のリネンをひとつ、使ってみるのもよいかもしれません。たとえば、ハンカチ。だんだんと色が落ち着いていくのを楽しむことができるはずです。

リネンを扱うとき、気をつけたいポイント

これまでリネンの長所ばかりをお話ししてきましたが、もちろんちょっと扱いに気をつけていただきたいこともいくつかあります。たとえば最初に起こる縮みのこと、どうしても避けられないしわのこと……。
でも本当のところ、私たちはそれを特に「短所」とはとらえていません。上手につきあえば、それも、ほかにはないリネン特有の持ち味のひとつなのですから。そう思っていただくためにも、気をつけていただきたいポイント、ご説明しておきましょう。

サイズの決まっているものなら、「縮み」を考え、余裕を持たせて購入を。

リネンはどうしても洗うと縮みます。たいていは１回目の洗濯で縮みますが、２回目くらいまで縮むこともあります。縮み具合は織りの状態によってもさまざまですが、３〜５％は考えておいたほうがよさそうです（場合によっては５％以上のものもあります）。特に横よりも縦方向の縮みが大きくなります。キッチンタオル程度の大きさなら縮むのは２〜３cmくらいですし、厳密なサイズが必要なわけではないので問題ありませんが、カーテンなどを作るときは５〜10cmの話になってくるので注意が必要なのです。
そこで、95ページでもう１度説明しますが、リネンで何かを作りたいという場合は、この縮み分をあらかじめ想定し、サイズに余裕を持たせて購入を。そして作り始める前に１度お湯に通して、縮んだ状態で再度測りなおし、裁断してください。
洗濯の仕方などによってもその具合はかなり変わってくるので、おろすときにはまず表示を確認してください。

どうしても避けられない「しわ」。持ち味と思って楽しんで。

リネンは他の植物繊維と比べて、繊維の中に結晶状の部分が多いため、結晶がいったん壊れたときには変形して、元に戻りにくくなってしまいます。これこそ、リネンがしわになりやすい原因。そしていったんしわがついてしまうと、十分ぬらしてからアイロンをかけない限り、元にはもどりません。どんなにパリッとアイロンをかけても、使っているうちにしわができるのは、リネンの宿命なのです。

もっとも最近では、「しわもリネンならではの持ち味」と考える人も増えてきており、必ずしもマイナス部分とはいえなくなってきているようです。ちょっとくたっとした麻のシャツ、縁がうねっているテーブルクロス、ところどころに細かいちりめんじわのあるシーツ、どれもかえって柔らかさを感じる、ほっとなごむものがある気がしませんか。

「毛羽」はあまり出ませんが、最初の２～３回の洗濯時は注意して。

植物の茎から採れた繊維からできているリネン。上等な長い繊維を使ったものであれば、基本的に細かい毛羽が出ることはあまりありません。キッチンタオルとして食器やグラスを拭くのによく利用されるのは、毛羽が付着せず清潔だからです。ただし、特に太めの糸を使用したざっくりとしたリネンや、長い繊維を取った後の、2番目、3番目の糸を使った生地の場合は、毛羽がより出やすいので注意。気になる方は、何度か単独で洗ってから使い始めるとよいでしょう。

また、リネンをたくさんの洗濯物といっしょに洗濯機に詰め込むと、繊維が折れたりこすれたりして、毛羽が出やすくなります。そういう意味でも、別にして少ない量でたっぷりの水を使って洗ったほうがよいのです。

夏だけの素材とは限りません。家の中では年中無休の大活躍。

洋服などについては、やはり「夏の素材」というイメージがありますが、吸水性、速乾性にすぐれ、また肌触りもよいという特性から考えれば、ベッド周りやバスルームでは夏だけでなく、四季を問わず使いたい素材といえます。また、繊維の中に空気をたっぷり含んでいるので、涼しいだけでなく冬は暖かく、保温性にもすぐれているリネン。つまり、一年中リネンのシーツやパジャマを使っても快適なのです。このほか、キッチンタオルなどはいつでも大活躍のアイテムですし、家の中においてはリネンを夏だけの素材にしておくのはもったいない。年中無休の素材といえるのです。

100% LIN
MIN 85% LIN/LINEN
LEINEN/LINNEN/LINO
MADE IN ROMANIA
Klässbols
HALBLEINEN - METIS - LINO MISTO
Made in Switzerland
MADE IN EU
Linen
IRON WHEN DAMP
DO NOT BLEACH
DO NOT DRY CLEAN
MADE IN IRELAND
MADE IN ITALY
MISTO LINO

ベルギー、フランス、ハンガリー……
タグにはいろいろな国名が書かれていますが。

キッチンタオルをはじめリネン製品には、必ず洗濯表示とともに「MADE IN BELGIUM」などと原産国が表示されたタグがつけられています。その国名を調べてみると、ベルギー、フランス、オランダ、イタリア、イギリス、スウェーデン、スイス、ハンガリー、リトアニア、ロシアなど実にさまざま。しかしこれは必ずしも、すべての工程をその国で行っていることを意味しているわけではありません。実際には縫製などの最終工程を行った国名が書かれていることがほとんどで、たとえば「MADE IN BELGIUM (ベルギー製)」と書かれていても、原料がベルギーのものだとは限らないのです。
最近のリネン産業は（リトアニアなど、旧東欧地域などは別にして）、途中のさまざまな工程がすべて分業化されています。農家から運ばれてきた原料のフラックスを繊維にするところ、糸をつむぐところ、染色するところ、織るだけの専門工場、そして最後に縫製するところ……。つまりそれらひとつひとつの工程が国境を越えていろんなところで行われているというわけ。現在、西ヨーロッパでフラックスが栽培されているのは、フランス、ベルギー、オランダくらい。それ以外の地域では、他の国で育ったフラックスを買い入れて加工、製品化しているのが現状なのです。
ただしいっぽうでは、ごく最近の西ヨーロッパの傾向として、すべての工程をあえて同じ国の中で行うことに付加価値を見出し、そのクオリティの高さを売り物にする会社も出てきています。
そのリネンの原料がどこでとれ、どんな場所を経由してきたのか、タグからは残念ながらよくわかりませんが、どれだけ多くの人の手を経て作られたかということだけは感じられると思います。

リネン以外のほかの繊維が混じったものは
すべてハーフリネンと呼ばれています。

リネン製品につけられたタグには、その生地が何でできているかも示されています。もちろんピュアリネン（リネン100%）のものもたくさんありますが、中には「44% linen 56%cotton」というふうに、コットンが混じっているものもあり、ハーフリネンとかmetis、linen unionなどと呼ばれています。
２種類以上の違った繊維を混ぜて織物を作るには、２つの方法があります。そのひとつは混紡といって糸自体に２種類の繊維を混ぜて作るやり方。もうひとつは混織といって２種類の違う糸を経糸と緯糸というふうに分けて織っていくやり方です。
リネンと混紡、混織されることが多いのはコットンです。コットンと合わせることで、最初から柔らかい風合いが出せますし、価格を抑え目にできるメリットもあります。混織の場合、経糸をコットンにすることがほとんど。なぜなら、リネンは長い経糸をはるのが難しく、またそれなりにコストがかかってしまうからです。
またときどき、「95%linen ５%cotton」というように、コットンがわずか５%だけ入っていると示されたキッチンタオルを見かけますが、これは色のついたライン部分にのみコットンが使われていることが多いようです。
そのほかウールやシルクとの混紡、混織もあり、それぞれの質感がプラスされることで、新たな風合いが生み出されます。ウールならふわっと起毛した感じや温かさが生まれますし、シルクなら光沢感やしなやかさがよりプラスされます。リネン100%のものだけでなく、ほかの繊維との混紡、混織ならではのよさも、ぜひ使って感じてみてください。

ていねいな手仕事と大切に使われた時間を味わってほしい
アンティークリネン。

左ページ　モノグラム刺繍入りのキッチンタオル。青いラインのものは、手紡ぎ、手織りの古いもの。
左上　古い子どもの下着。スカートの途中に別の生地がはいであることから、大切に使っていたことがうかがえます。
右上　モノグラム刺繍が施されたナプキン。セットのまま残っていました。端のはしごかがりも美しい。
右下　フランスで見つけたシーツ。手の込んだモノグラム刺繍の2文字の中央で2枚の生地がはいであります。

古いリネンは、それならではのよさと比較的手ごろな価格が魅力的。

欧米ののみの市やアンティーク専門店に行くと、キッチンタオルやランジェリー類などの古いリネンを見かけることがあります。古いリネン類はコレクターもたくさんいるほど人気があるアイテムで、シーツや枕カバーなどのベッドリネン、ナプキン、テーブルクロスなどのテーブルリネンといろいろなものがあります。

作られた年代はさまざまですが、現在出回っているものは、19世紀中盤から20世紀中盤くらいのものが多いようです。一般的に「アンティーク」と呼べるのは100年以上前に作られたもので、それよりも新しいものはいわゆる古道具となり、「コレクタブルズ」（フランス語では「ブロカント」）と呼ばれます。が、リネンはこうした定義が必要な家具とは違い、あまり細かいことは気にされていないようです。

古いリネンは、現在ではあまり見かけない刺繍が施されていたり、独特の色使いだったりと、新しいものにはない魅力があります。また、状態などにより値段はまちまちですが、1950年代から70年代に大量生産され、使用されたものはかなり安め。ベッドリネンなどの値の張るものについては、まずはこうしたものから使い始めてよさを実感してみるのもよいかもしれません。黄ばんだり、煤けたようなものもありますが、洗濯を繰り返せば白くなりますし、リネンとしての質感は変わりません。場合によっては未使用のデッドストックを見つけることもありますので、人の使った「中古」にはどうしても抵抗があるという人は、こういうものから使い始めてみてはいかがでしょうか。

また、手紡ぎ、手織りで作られたリネンには、何ともいえない風合いがあるのも注目してほしいところです。繊維産業が機械化される以前は、ごくふつうの家庭の女性たちが、手で糸を紡ぎ、その糸で織ってリネンを作っていたのです。すべてが機械化された20世紀以降のものに比べると、手紡ぎの糸で織られた生地の表面は均一ではありませんが、でこぼこがあるのがかえって魅力的。今では大変貴重なものでもあります。

新しいリネンは
いきなり使い始めず、一度洗濯してから。

お店にディスプレイされているリネンは、どれも表面がつるんとして光沢があります。これは加工を簡単にしたり、見た目を美しくする一種のお化粧が施されているため。実際に使用するときには不要なので、買ってきたらまずはそれを落として、本来の姿に戻してやりましょう。やり方はいたって簡単です。

水に浸してから、使い始めます。

❶２〜３時間水に浸しておく（お風呂の残り湯でもよい）。
❷乾かさずにそのまま洗濯。
❸ほかの洗濯物と同じように干して乾燥させる。

水につけたら乾かして早速使いたいところですが、そこはもう少し我慢。乾かさずに普通に洗濯し、干してから使ってください。
また、濃い色のものは、初めての洗濯から３度目くらいまでは色落ちすることがあるので、ほかの洗濯物とは別にして洗ったほうが失敗がありません。

リネンの原料はフラックスという植物。
茎の繊維が糸になります。

リネンをもっとよく知ろう。

実はいろいろある麻の種類。
アジアの麻とリネンは違います。

シャリシャリとした質感、張りがある、ちょっとごわごわして毛羽が多い……。
「麻」というと、こんなイメージを持たれる方もいらっしゃるのでは。実は、日本で麻と呼ばれているものは範囲が広く、いろいろなものがいっしょくたに語られてしまっています。
日本やアジアで使われてきた麻は細かく分類すると、蚊帳や夏の衣類に使われてきたヘンプ(大麻)、ざっくりと編んだバッグやマット、帽子などに使われるジュート(黄麻)やサイザル麻、堅くて張りがあり、かつては裃などに使われたというラミー(ちょ麻)などがあります。
特にラミーは、日本の品質表示ではリネンと同様に「麻」とされているので、混同しがちですが、実はまったく別のものなのです。
これに対してヨーロッパでは、古くから、寝具や衣類などさまざまな場面でリネンが使われてきました(ヘンプも一部使われていましたが)。リネンは亜麻といわれるもので、ちくちく肌を刺すこともなく柔らかでしなやか。つまりアジア原産の「麻」と、ヨーロッパで親しまれてきたリネンとは、植物の種類そのものが違うのです。

それでは、リネンはどうやって作られるのでしょうか。リネンの原料となる植物・フラックスの種まきから一枚の織物に仕上がるまでをごく簡単に説明しましょう。

★種まき〜収穫

リネンは、フラックスという植物から作られます。フラックスは亜麻科の一年草。比較的涼しい地方で育つので、ヨーロッパではベルギーやフランス北部、オランダなどで多く栽培されています。4月に種まきをすると、ぐんぐんと背を伸ばし、6月の初旬ごろには白や紫の小さな花を咲かせます。そして7〜8月、マッチ棒くらいの太さで1メートルくらいにひょろ長く育つと、抜き取って収穫します。

★乾燥〜製糸

収穫されたフラックスは、そのまま畑にしばらく置いて腐らせることで表皮を発酵させ、繊維を分離させます。そして乾燥させたのち、不要な部分を落として繊維だけにし、これをさらに大きな櫛のついた機械にかけて削り、細くそろえます。こうして長く、細く柔らかい繊維だけを残して糸に紡いでいくのです。左ページの写真はベルギーの工場からいただいてきた、フラックスの繊維。一見するだけではリネンの生地とはなかなか結びつきにくいとは思いますが……。

またここ数年は、観賞用のフラックスにも人気が出ており、苗や種が市販されています。フラックスの種をプランターにまくと、ぐんぐん成長して緑の葉が涼しげなだけでなく、ほんの1週間ほどですが、小さな花をつけるのも楽しみのひとつです。

これがフラックスの花。
ベルギーなどにはこんな広いフラックス畑が
広がっているところがあります。

ヨーロッパでリネンは
古くから愛されてきました。

ここで、リネンの歴史についても触れておきましょう。
リネンは人類の歴史上もっとも古い繊維といわれ、約1万年前には、すでにチグリス・ユーフラテス川の流域で栽培されていたことが確認されています。
古代エジプト時代には、「月光で織られた生地」として神事に使われ、珍重されていました。あのミイラを巻いているのもリネンなのです。そしてギリシア・ローマ時代になると、リネンは貴族や富裕な人々の間で日常的に使われる素材となっていきました。中でも、上質で純白のリネンが重宝されたとか。
遠い昔から使われてきたリネンが、より広く人々の暮らしに根づいたのは、ルネッサンス時代のヨーロッパ。つまり15世紀くらいのことでした。さらに16世紀後半の宗教戦争によって、現在のオランダ・ベルギー地方から多数のリネン織り職人が国を逃れ、アイルランドやイングランドに移り住んだことでリネンの織物は各地に広がっていきました。ヨーロッパの他の地域、ロシアやポーランドでリネン産業がスタートしたのもこのころでした。

19世紀以降はコットンの時代になり、
リネンは一気に衰退。

しかし18世紀後半に入ると、イギリスではインドからたくさんの綿織物を輸入するようになり、コットンの需要が高まっていきました。さらに産業革命によって国内でも加工ができるようになると、大量生産に拍車がかかり、扱いやすいコットンはたちまち一般化していきました。こうして19世紀に入るころには、リネン織物産業は綿織物に押され、一気に衰退していったのです。リネンで作られていたものがコットン製になっていく中で、何とかリネンがその存在意義を保っていたのが、文字通りハウスリネン。それは、古くから伝わるある習慣によるものでした。

嫁入り道具として
一生分準備されたリネン一式。

ヨーロッパには、かつてトルソーという習慣がありました。これは、結婚する女性が嫁入り道具としてそろえる、さまざまな種類のハウスリネンのこと。もともとは、中世の王侯貴族の習慣が始まりだったといわれています。
たとえば、1396年にわずか6歳でイギリスのリチャード2世に嫁いだフランスのイザベル王女のトルソーは以下のようなものでした。
★14組のシーツ
★12枚の大きな布
★24枚の小さめの布
★ベルベットとサテンのベッドスプレッド数枚
(もっとも、たった6歳の花嫁ですから、リストの中にはお人形さんもいくつか含まれていたそうです)。
18世紀に入ると、こうした習慣は新興ブルジョワジーの間にも広まっていきました。どれだけたくさんのハウスリネンをそろえられるかが、富の象徴と考えられるようになり、みなこぞって豪華なリネンをトルソーとしてそろえたといいます。
19世紀に入ると、トルソーの習慣はさらに一般民衆のレベルまで広がっていきました。19世紀末には、デパートに「トルソーカウンター」と呼ばれるコーナーが登場し、メールオーダーカタログまで作られたとか。お嫁入りのためのハウスリネンがどれほど定着してきたかがわかります。パリのデパート「ボンマルシェ」には、1910年当時もっとも一般的だったトルソーとしてこんな記録も残っています。
★6組のシーツ
★24枚のピローケース
★36枚のナプキン
★3枚のテーブルクロス
★12人分のダマスク織りのテーブルセット
★24枚のキッチンタオル
★12枚のハンドタオル
★24枚のバスタオル
★6枚のエプロン
当時トルソーは、娘が結婚する年頃になる10年以上前から、母親が少しずつ買い集めていったといいます。しかし、コットンが台頭してきたり、世の中が便利になり、家事が簡素化されていくにつれ、20世紀半ばになるころには、この習慣はすっかりすたれてしまいました。

端に施された
赤い糸のイニシアルの秘密。

トルソーとして作られたリネンに特徴的なのは、モノグラム刺繍というイニシアルが施されていること。生地の端に赤い糸で、左に花婿、右に花嫁のイニシアル(あるいは花嫁のイニシアルのみ)がアルファベットで美しく描かれています。モノグラム刺繍入りのリネン類は、現在ではコレクターも多くいるほど人気があります。
リネンにイニシアルをつける習慣は、かなり古くからありました。しかしそれは洗濯するときに見分けるためにインクで書かれた単なる名札代わりのもので、装飾的な意味合いはありませんでした。フランスで刺繍のイニシアルが施されていたのは、唯一、王の持つリネンだけだったといいます。
王侯貴族だけのものだったモノグラム刺繍が一般に広まったのは19世紀。ブルジョワジーの子女たちが貴族趣味をまね、こぞってトルソーに施したといいます。さらに当時の個人主義の高まりとも相互作用して、自分の持ち物にイニシアルを入れるこの習慣は、急速に広まっていきました。当時はリネンのみならず、銀器や食器などすべてにイニシアルを入れるのが大流行したそうです。しかし、これもトルソーの習慣がなくなるとともに次第にすたれてゆき、1960年代前半ごろには、誰もそんなことをしなくなりました。
もっとも最近では再び、この懐かしい習慣に興味を持つ人が増えてきているという話もあります。パリのあるリネン専門店では、2割弱の人が買った商品にモノグラム刺繍をオーダーするのだとか。ちなみにリネンバードでもモノグラム刺繍のサービスをしています。

スイスにあるリネンの織物会社
マイヤー・マイヨールを訪ねました。

山間にある小さな工場ですが、
高性能の機械がずらり。

ヨーロッパでリネンを扱う会社は、ベルギーのリベコ社のように比較的大規模なところもありますが、一方、特徴ある製品を作ってがんばっている、もっと小さな会社も少なくありません。私たちが訪ねたスイスのマイヤー・マイヨール社もそんなひとつでした。
チューリッヒから東南に約1時間、標高2000mを超える連山の谷間、トッケンブルグバレー。1857年に創業されたマイヤー・マイヨール社は、アルプスの大自然に囲まれた町にあります。
スイスコットンに代表されるように、スイスは古くから高品質の織物を生産してきました。それを支えてきたのは、優れた機械を開発する技術。そういえば以前訪れたベルギーのリベコ社でも、高性能の織機はすべてスイス製でした。
広い工場内は整然としており、糸巻きさえなければ、何を作っているのかわからないほど機械化がすすんでいます。ごくわずかな人が機械を調整したりして立ち働いているだけ。温度や湿度管理も完璧にコントロールされており、大規模工場にまったくひけをとらないか、それ以上の設備・環境です。

1

2

3

4

5

1 赤い建物がマイヤー・マイヨール社。アルプスの山々と空に映える色。
2 一見すると、工場であることすらわからないほど。
3 黄色い針を刺し、上から織り柄を入れていく。
4 折りたたむ作業も機械があっという間に。
5 チェックも微妙な違いで何通りもの組み合わせが。見事！

古いキッチンタオルの生地見本など、
昔のものも全部残してあります。

しかし、最新設備ばかりを追いかけるわけではなく、昔のものもきちんと大切にするのがスイス人。幸運なことに、第二次世界大戦の戦禍に見舞われることのなかったこの会社では、100年くらい前の古いキッチンタオルやハンカチなど、昔の製品をアーカイブスとして保管しているとのこと。さっそく見せてもらいました。アルバムのような一冊、一冊には生地見本がずらりと貼られています。同じキッチンタオルの赤と白の組み合わせでもこんなにたくさんあるのかと感心したり、チェックの種類の多さにもびっくりしたり。美しいレースのハンカチの生地見本なども残されていました。また、20世紀前半の珍しい道具や機械類もいくつか保存されており、日本でも近頃見直され、復活をとげているというシャトル織機も発見。もちろんこれらは今では製品を作るのには使われていませんが、ちょっとしたデザインサンプルや技術研修のため、動かすこともあるのだとか。
もっとも、ますます大規模生産化がすすんだここ10年の間に、スイスでも数多くの織物工場が閉鎖を余儀なくされました。しかし、この会社は、高度な製織技術のおかげでその地位を保つことができているとか。その秘密は、ヨットの帆に使われる軽くて丈夫な布の開発に成功したこと。世界最高峰のヨットレース「アメリカズカップ」に出航するヨットにはすべてマイヤー・マイヨールの帆布が使われているそう。「そのおかげで、今もキッチンタオルが作れるんだ」と、社長のマイヤーさん。「やっぱりリネン屋さんにとっては、昔ながらのキッチンタオル作りをするのが一番うれしいんだなあ」と思わせるひとことでした。

1

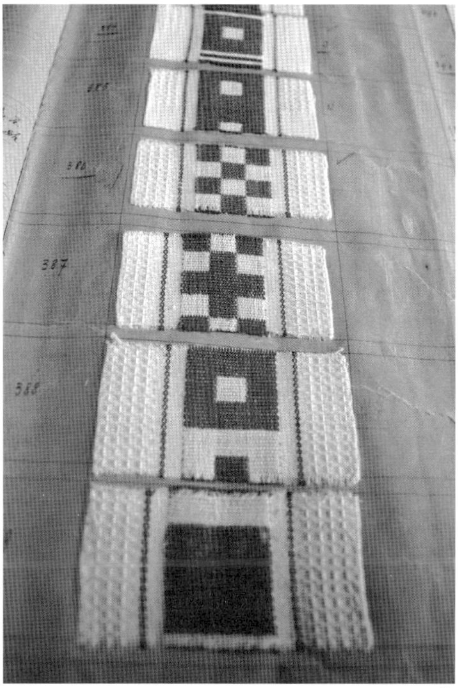

2

3

1 キッチンタオルのアーカイブス。すべてに番号がつけられている。

2 キッチンタオルの定番、赤と白の組み合わせも実にさまざま。

3 シャトル織機。糸を巻いた細長い舟形のシャトルで縦糸の間に横糸を通して織っていく。

4 生地を織るだけでなく、エプロンなどのキッチンリネンは、ここで縫製される。

5 ジャガード織りに使うパンチカードを作る古い機械。

4

5

作る素材としてのリネン

リネンを使って「作る」楽しさも、
ぜひ味わってほしいところです。
生地から選んでイメージを膨らませ、
ひとつのものを作る楽しさは
やはり何にも替えがたいもの。
袋ものなどの小物を作りたい、
カーテンやクッションなどの
インテリアのリネンに挑戦したい、
小物でちょっとリメイクを楽しみたい……。
そんな「手作りしたい気持ち」を
ふくらませていただければと、
ここでは私たちが扱う生地を
大まかに分類して紹介しています。
一部しかお見せできませんが、
考え方のヒントにしていただけたらと
思います。

the linen bird

200種類もある生地を
ざっくりと6つに分類しました。

お店にはスペースが許す限りいろいろな種類のリネン生地をそろえており、たくさんの方がいらっしゃいます。
でもせっかくいらしていただいて、お店に並んだ生地のロールや生地見本をひとしきりご覧になっても、実際にはなかなか「これ！」と決めるのが難しい様子……。
そこで、私たちはしばしば2つの質問を受けます。
ひとつは、
「こんなものを作りたいのですが、どの生地が合うのでしょう？」
作りたいものが決まっていて、そのための生地を探しているけれど、あまりの多さに選びきれなくなってしまった人です。
そしてもうひとつは、
「生地をあれこれ見ているうちに、何か作ってみたくなったけど、この生地だと何を作ればよいのでしょう？」
「手作り心」に火がついたものの、作れるものに結びつかないという人。
「どうしたらお客様に、もう少しわかりやすくスムーズに生地を買っていただくことができるのだろう？」
そう考えた結果が、生地を糸の太さと織りの目の細かさで分類する方法です。生地を大きく6つの種類に分け、それぞれの厚さや質感に合った用途を紹介してみました。何かを作りたくて生地を探している人も、好きな生地でとにかく何かを作ってみたい人も、これを目安にして、手作りの第一歩にしてみてください。

FABRIC CHART

表内は生地の名称です。

糸の太さと織りの関係図

リネン生地の質感の違いは、糸の太さ、織り目の詰まり具合、さらに織り方によって決まります。そこで生地の厚さを横軸に、織りの粗・密を縦軸にとって関係図を作り、生地を分類してみました。すると、風合いによって大きく6つに分けることができました（織り方が特殊な生地と柄ものは別にしました）。

1 さらりと薄く柔らかい生地

糸：細

織り：中〜密

麻のシャツやハンカチなどに使われる生地。
洗っては使うを繰り返すと、肌にますますなじむ質感に。

特徴

「麻」としていちばんイメージしやすいのが、この生地かもしれません。
夏服としてシャツやワンピースなどに使われるほか、
ベッドリネン、パジャマなどとしてもおなじみ。
ほどよく張りがありますが、さらりとなじんで気持ちよさ満点です。

1

糸：細

織り：中～密

▶ シャツ

汗をかいてもすぐに乾くので、夏の衣類にはぴったり。たとえばウエストをひもなどでしめるタイプのスカートなら、気軽に手作りすることもできます。

▶ ベッドリネン

さらっとしながら肌になじんで寝心地満点。フラットシーツなら端を始末するだけですし、ピローケースも袋状に縫うだけなので、手作りに挑戦する人も多いようです。

▶テーブルクロス

テーブルクロスを一枚かけると、部屋の印象が変わります。色鮮やかなものを選べば、ちょっとした模様替え気分。この厚みなら垂れた部分のボリュームも出すぎず、きれいに。

▶サシェ

ラベンダーのポプリを入れたサシェを作ってクローゼットの中にしのばせたり、ハンガーにかけたり。ほのかに香りがつき、防虫効果もあるとか（作り方は82ページ）。

2 ややざっくりとして透け感のある生地

糸：細〜中

織り：粗

織りがゆるいので、何度も洗うと、
ガーゼのようなふわっ、くしゃっとした独特の肌ざわりに。

特徴

1に比べるとざっくりと織られているので、1枚だと向こうが透けるくらい薄い生地。
用途によっては重ね使いするのも効果的です。
また、経糸と緯糸の織りがはっきり見えるので、刺繍にも最適。
洗って縮むと、より柔らかく、肌触りがよくなります。

2

糸：細～中

織り：粗

▶レースのカーテン

カーテンを作りたいというお客様が増えてきました。美しい透け感を利用し、薄い生地でレースのカーテンを作るのもおすすめです。（作り方は90ページ）。

▶モノグラム刺繍

織り目がほどよく粗いので、刺繍針を刺しやすく、クロスステッチなどの刺繍を施すのに向いています。アルファベットの見本とともに、刺し方を84～87ページで紹介。

▶ショール

一度洗うと柔らかく、ふわっとした風合いになるので、180×60cmくらいに裁って長いほうの端を始末し、短いほうは横糸を抜いてフリンジにすれば、たちまちショールに。

3 丈夫で万能、もっとも多用途に使える生地

糸：中

織り：中

キッチンタオルくらいから少し厚めのものまで。
厚すぎず薄すぎずなので、さまざまな用途に合います。

特徴

身につけるというよりは、「使う」リネンとして最適。
ほどよい重みがあるので、カーテンやテーブルクロスにすると、美しいひだが出ます。
テーブル周りのリネンのほか、
やや厚めのものならソファにかけるカバーなどにしても。

3

糸：中

織り：中

▶ローマンシェード

小さな窓には、こんな上下に開くローマンシェードを。周りを縫ってぐるりとひもを渡すだけの作りなので、意外と簡単です（作り方は93～94ページ）。

▸テーブルクロス

端を始末するだけで簡単に作れるので、気に入った生地があったらぜひ！　好みの大きさにできるのもいいところ。両サイドをたっぷり垂らすと、安定感が出ます。

▸ソファのルーズカバー

革や起毛のものなど、夏場は肌触りが気になるソファなら、リネンでカバーを作ってかけてみては。ソファと違う色を選べば、部屋のちょっとした模様替えにもなります。

4 厚めで目も詰んでいる生地

糸：太

織り：やや密

丈夫で厚みもあるので、毎日使う椅子の座面などにも。
キャンバス地として利用されることも。

特徴

しっかりと厚みがあるので耐久性にすぐれています。
薄い生地のようなくたっとしたしなやかさはありませんが、
さらりとした肌触りやざっくりとした独特の風合いは、やはりリネンならでは。
厚くても、コットンのキャンバス地とは違う上質感が出るのが魅力。

4

糸：太

織り：やや密

▸ソファ（張り込み）

ファブリックがすっかりくたびれてしまったソファも、張り替えればよみがえります。リネンは四季を通じてさらりと気持ちよく、また丈夫なので、かなり長持ちします。

▸バッグ

張りのあるしっかりとした生地ですが、ミシンで縫える程度の厚さ。裏地をつけなくても丈夫なので、２枚をはぎ合わせるなど、色遊びを楽しんで（作り方は91ページ）。

▸ダイニングチェアの座面

椅子の座面も、ものによっては張り替え可能。座面部分をはずし、手芸用の大きなホチキス（タッカー）で留めていくだけ。生地は座面より上下左右15cm程度大きめに。

5 ワッフル、ダマスク織りなど、特殊な織り方のもの

同じリネンでも、織り方ひとつでまったく質感が変わります。
肌ざわりの違いを楽しんで。

特徴

四角い蜂の巣のようなマス形の凹凸のあるワッフル織り、
杉綾とも呼ばれるヘリンボーン、
クラシックな花の絵柄などが織られたダマスク織りなど、
普通の平織り以外のリネンもいろいろあり、それぞれ独特の表情があります。

5

▶ タオルケット

パイル部分のみにリネンを使用したタオルケット。綿に比べてやや堅めでシャリシャリとした質感が気持ちいい。厚手なので保温効果も抜群です。

▶ バスタオル

ワッフル織りのリネンのバスタオル。しなやかで肌にべたっと張りつかず、顔を洗ったり、風呂上りには最高。独特のシャリ感があるので特に夏にはおすすめ。

▸ランチョンマット

搬送用の袋の生地メッペルなどは織りがしっかりして厚く、丈夫。幅が 50 〜 60cm なので、みみを利用すればテーブル周りのマットやバスマットなどが簡単に作れます。

6 プリントされた生地

大きな絵柄もナチュラルなリネンの色がベースだから、
落ち着いた印象。
リネンの違う顔もまた、新鮮です。

特徴

最近人気なのが、プリントされた生地。
油絵のような手描き風からクロスステッチ風、大胆な絵柄もいろいろあります。
生成り生地にプリントされた生地なら、絵柄が大胆でも派手すぎないので、
年齢を問わずバッグや洋服などに利用できます。

6

▶クッションカバー

シックな花柄をクッションにして部屋のワンポイントに。開け口が重なるこのタイプなら、ファスナーやボタン付けの手間もいらず、手作りも簡単（作り方は83ページ）。

▶エプロン

すその部分にバラの花柄生地をぐるりとつけてポイントに。大きなプリントなら、こんなふうにたっぷり使ったほうが効果的。

▸子供用のワンピース
クロスステッチ風のプリントが楽しい生地を子供用のワンピースに。小さいサイズだからこそ、大胆なプリントが効果的。形はできるだけシンプルにしてプリントを生かして。

7 リボンや糸、その他

リネン素材だとかわいらしくなりすぎないから、
洋服にもインテリアにも、
ワンポイントにいろいろ利用したい。

特徴

ナチュラルな色と質感のせいか、大人っぽい印象のリネンの小物は、
バッグや洋服の端にちょっとつけるだけで、
素朴でありながらも上品なワンポイントになります。
手作り初心者でも気軽に使えるので、リネンバードでも、
続々と仲間を増やし続けているアイテムです。

上左　リネンのはぎれで作ったくるみボタン。シャツや小物のワンポイントに。
上右　リネンの編み糸はシャリ感と光沢があり、色のバリエーションも豊かです。
下右　はしごレース状のリボン。袋ものやポケットのふちに縫いつけてもかわいい。

7

▶レース編みのショール

リネンの糸を編み棒でざっくりと模様編みして三角形のショールにしてみました。縦長に編んでマフラーにしてもかわいい。

▶クッションの端に

クッションの表に太めのリボンを額縁のように四角く縫い付けただけ。四隅を斜めに切って合わせるのがきれいに見せるコツ。既成のシンプルなクッションを利用しても。

▶テーブルクロスのポイントに

リネン本来の色であるフラックス色のテーブルクロスに、赤いラインの入った細いリボンをつけてキッチンタオルのような雰囲気に。

▶巾着形のバッグのひもに

巾着形のバッグの開け口に波形のレースをつけ、ひももリネンを利用。レースといっても、袋の色と合わせているので、大げさになりません。

ヨーロッパの
ホテルで使われているリネン

イタリアで訪れたホテルでは
客室でもダイニングルームでもリネンが使われていました。

ヨーロッパの高級ホテルでは、ダイニングルームはもちろん、ベッドやバスルームなどでもリネンが使われていることがあります。そんなホテルのひとつを訪ねてみることにしました。

ホテル「ヴィラ・セベローニ」は、ミラノからコモを過ぎ、湖沿いの細くて曲がりくねった道を1時間ばかり行った先にあります。もともとミラノの貴族のヴィラ（別荘）として建築されたものですが、ホテルに造りかえられてすでに130年以上。その間に数回の増築が施されたものの、メイン部分は当時の姿のまま今も使われています。高級ホテルにグレードされているのですが、全体のしつらえはどちらかといえば地味。華やかさはなくても、落ち着いた優美さが感じられるのは、さりげなく、ですがふんだんにリネンが使われていることにもあるようです。

客室でリネン（しかも100%）が使われているのは、美しい模様が織り込まれたベッドスプレッド、ピローケース、そしてバスルームにある模様織りのフェイスタオル。シーツは消耗が激しく、2〜3年ごとに買い替えの必要に迫られるため、やむなく厚手のコットンを使っているとのこと。また、ダイニングルームのテーブルクロスやナプキンなどはすべてハーフリネンで、高温殺菌に耐えられる品質のものを使っているというお話でした。

1

2

3

4

5

6

1 テラスのテーブル。ナプキンにも美しい織りの模様が施されている。

2 リネンならではの気品と清潔感あふれるベッドリネン。

3 バスルーム。右側の平織りのタオルがリネン。

4 テーブルクロスの中央にホテルの名前が織り込まれている。

5 レストランの片隅に整えられて出番を待つナプキン。

6 クラシックな調度品が置かれた落ち着きある部屋。

パリッとたたまれたナプキン、ベッドリネン……。
整然として清潔。気持ちのよいリネン庫。

そして私たちは、リネン庫と洗濯場も見せてもらいました。そこはまさしく壮観！
天井まである大きなリネン庫に、きちっと折りたたまれたリネンが整然と並べられ、すがすがしいのひとことです。とてつもなく大きなアイロン・テーブルの周りでは、17名の女性が楽しそうに働いています。
アイロンプレスは特別な機械が使われており、かなり湿っている状態の大きなクロスを、端を引っ張りながら巻き込んでいきます。その脇で、プレスしたてのパリッと清潔なクロスを二人がかりできびきびと折りたたんでいく女性たち。その様子はとても気持ちがよく、思わずカメラを向けてしまいました。
それにしても同じ生地、デザインでサイズ違いのものがたくさんあるにもかかわらず、ベッド、テーブル、バスルームなどそれぞれのリネンがあるべき場所に、見事なまでにきれいにたたまれ、整理されていることにすっかり感心してしまいました。そこで「サイズの記入もないし、目印もないのに間違わないんですか？」と聞いてみると、彼女たちは「何を言っているの？」という顔。何度も言いかえた後に、「自分で折りたたむのに、どうしてサイズを間違うことがあるの？」と、逆に驚かれてしまいました。
さすがは職人技というべきでしょうか。日本では、レストランのテーブルクロス類もホテルのシーツ類も、裏にサイズを表すシールが貼られているはずです。
リネンサプライ業者を使うことなく、すべての流れを自前でまかなっているということにも、このホテルのリネンに対する並々ならぬ情熱とプロフェッショナリズムを感じました。

1

2

1 表にも裏にも、書き込みが一切ないベッドリネン。同じ折り方、折り目の方向もそろえられているから、見た目も美しい。

2 高さも幅もたっぷりのリネン庫。使い込まれた味わいがいい。リネンのための戸棚は、英語でリネンプレスと呼ばれる。

3 レストラン用のナプキンは、1ダース単位で互い違いに置かれているので、数が一目瞭然。テキパキと仕事をするための知恵。

4 チェックのリネン100%のキッチンタオルは、レストランの厨房用。鍋をつかんだり、お皿を拭いたりと、毎日酷使される。

5 ベッドメイク中。無駄な動きもなく、一人で淡々と仕上げていく様子は鮮やかで見事。もちろん、しわひとつない。

6 洗濯場で働く女性たち。仕事だけでなく、歩くときも動きすべてが機敏で、見ていて気持ちがいい。

3

4

5

6

ラベンダーのサシェ ▷p51

正四面体の作り方は意外と簡単！
手縫いでもすぐにできるから、
たくさん作ってプレゼントにしても。
はぎれで作ることもできます。

クッションカバー ▷p70

広げてみれば、細長い一枚の布。
口の部分も重なりを10cmくらい作っておけば、
ボタンやファスナーをつけなくても大丈夫。
端を縫うだけの簡単クッションカバーです。

ラベンダーのサシェ

材料(一辺６cmの正四面体)
リネン生地(さらりと薄く柔らかい生地)　15×７cm
ラベンダーのポプリ　適宜
ひも　長さ約13cm

作り方
❶ 生地を中表に半分に折り、２辺を端から0.5cmのところで縫い合わせる。図のように角の一ヵ所にひもをわにして内側にはさみ、いっしょに縫い留めておく(図２)。
❷ 開けておいた辺を真横に広げてつぶし、両脇を①と同様にして少し縫い、返し口として真ん中を開けておく(図３)。表に返し、中にラベンダーのポプリを詰める(図４)。
❸ 返し口の部分をまつり縫いで始末する。

1
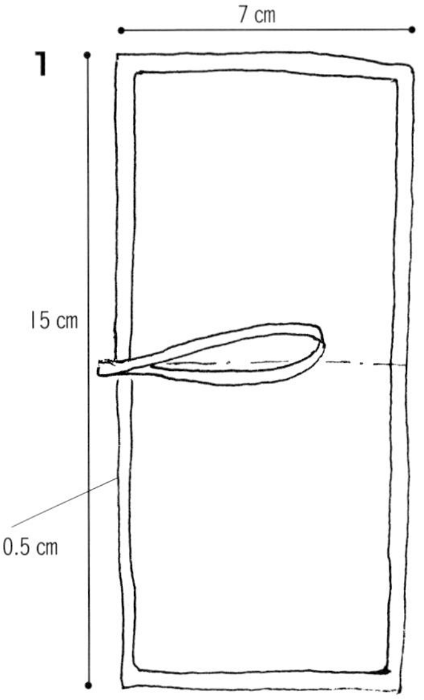

2
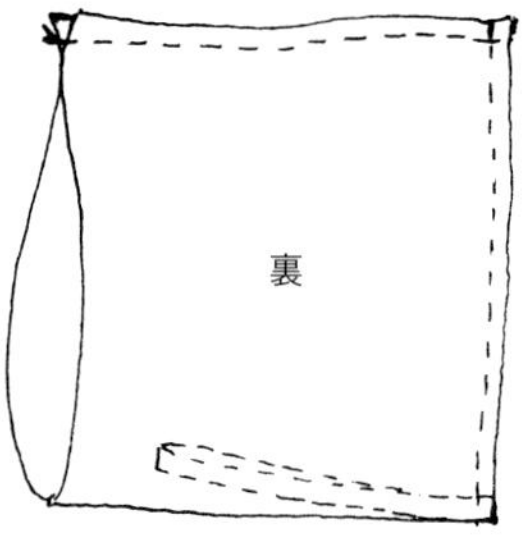

3

4
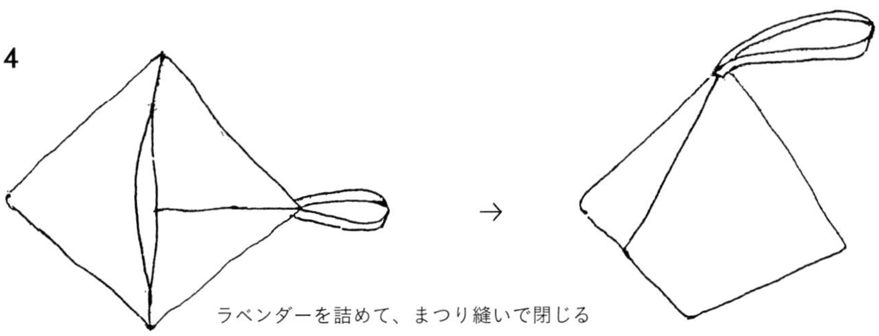

クッションカバー

材料(30×45cmのクッション)

リネン生地(丈夫で万能な生地)　32×104cm*

*クッションの大きさを変えたいときは、縦は仕上がりの寸法に縫いしろ分2cmを足し、横は長さの2倍に重なり分10cmと縫いしろ4cmを足した分の生地で。

作り方

❶ 生地の短い辺の端を1cm幅の三つ折りにして縫う(図1)。

❷ 中表にして両端が10cm重なるように折り合わせ、両わきは縫いしろを1cmとって縫う(図2)。

❸ 表に返してヌードクッションを入れる(図3)。

1

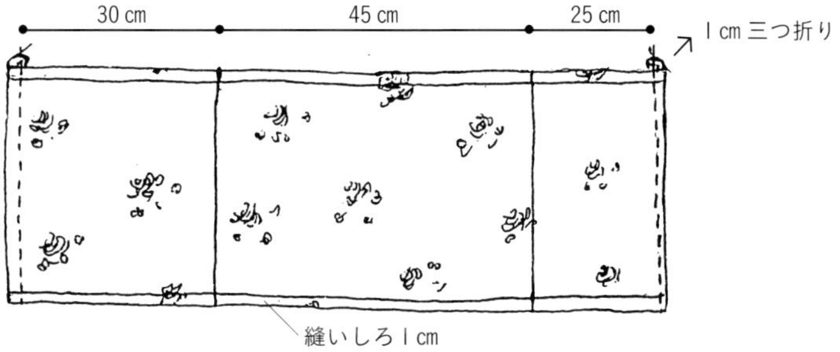

2

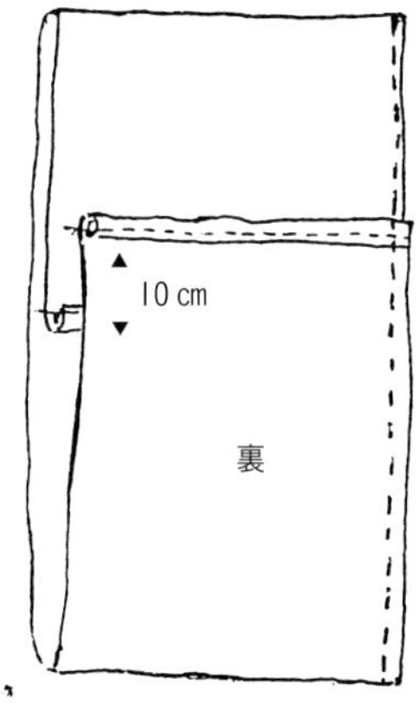

3

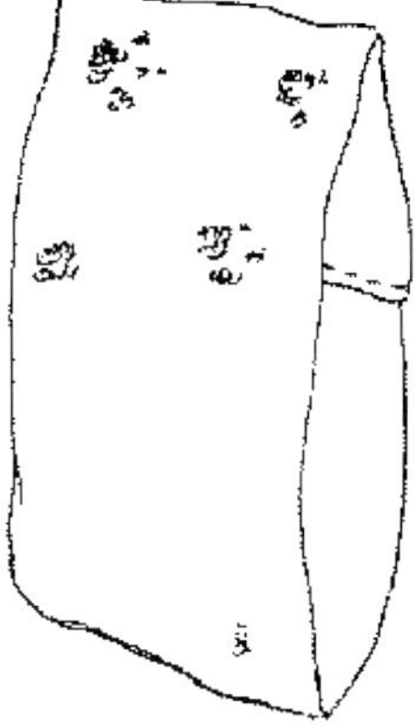

クロスステッチでモノグラム ▷p54

クロスステッチでイニシアル刺繍に挑戦。
ざっくり織られた生地なら、織り目が見やすく刺繍にぴったり。
洗濯すると生地が縮んで目が詰まります。

クロスステッチでモノグラム

材料

リネン生地(ややざっくりとして透け感のある生地)*　1枚
赤の刺繍糸　適宜

★ここではコンフィチュールという、ジャムをこすためのキッチンタオルを使用しています。クロスステッチの初心者には、コンフィチュールのように平織りで目が数えやすい生地がおすすめです。「丈夫で万能、もっとも多用途に使える生地」や、「厚めで目も詰んでいる生地」も刺しやすいでしょう。

布目を数えながら規則的にクロスを作っていく。
刺繍糸は3本取りで。面倒でも1本ずつ引き抜いたものを束ねて。刺し始めは結び目を作らずに、2、3cm裏側に残し、最初の2、3目を刺すときに留めながら進む。
刺すときは、縦でも横でも目がつながっている所では、＼＼＼＼……と続け、最後までできたら真上に1目あけて針を出し、／／／／……と帰っていく。ひと目ずつ✕を作っていくやり方でもOK。図案によって、両者を組み合わせる。どちらの方法でもクロスの重なりの上になる目の方向をそろえるのが鉄則。
効率のよい順序で刺していけるように、あらかじめステッチの順序を考えてから始める。
大きな図案の場合は中心から始めるが、イニシアルなどの小さなものなら端から始めるとよい。
糸がねじれないように要注意。また糸はあまり強く引きすぎないよう、ふっくらと刺すと美しい。
刺し終わりも結び目を作らず、裏側の2、3目をくぐらせて切る。きちんと刺してあれば、さぶさぶ洗濯しても大丈夫。

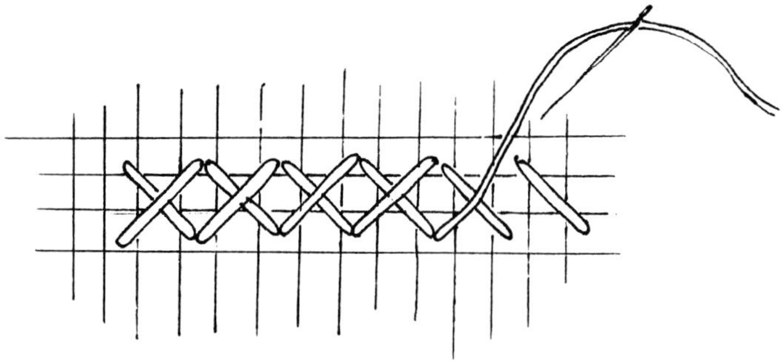

LB

ABCDEFGH
IJKLMNOP
QRSTUVW
XYZ ♥

ABCDEFGH
IJKLMNOP
QRSTUVW
XYZ

レースのカーテン ▷p54

ギャザーテープを使えば、カーテン作りがぐっと手軽に。
端に縫いつけ、真ん中のひもを引っ張るだけで、
ギャザーができます。
たっぷりひだをとりたいなら、生地を多めに使って。

２枚はぎバッグ ▷p63

２枚の生地を使ったシックな色合いのバッグ。
裏地をつけない代わりにあけ口にグログランテープをつけて
端を始末した部分をきれいに見せています。
テープには、さりげなく色味をプラスする効果も。

レースのカーテン

材料

リネン生地(ややざっくりとして透け感のある生地)
(仕上がり丈*1＋上下の折り返し分)×(仕上がり幅*2÷2)*3を２枚
ギャザーテープ　仕上がりの幅の長さ
カーテンフック　適宜

★１　仕上がり丈＝カーテンレールから必要な長さ
★２　仕上がり幅＝レールの長さの２〜2.5倍
★３　１幅で生地の幅が足りない時は、生地をはぎ合わせて使う。

作り方

❶ カーテンの両端は1.5cm幅の三つ折り、下側は７cmの三つ折りにして端を縫う(図１)。
❷ 上側はギャザーテープの幅に合わせて二つ折りにし、上からギャザーテープを重ねて上下を縫い付ける(図２)。
❸ 窓の幅に合わせてギャザーテープのひもを引っ張ってひだをとり、適当な長さのところでひもを縛り、固定する(図３)。
❹ テープにフックをつけ、レールにかける。

1

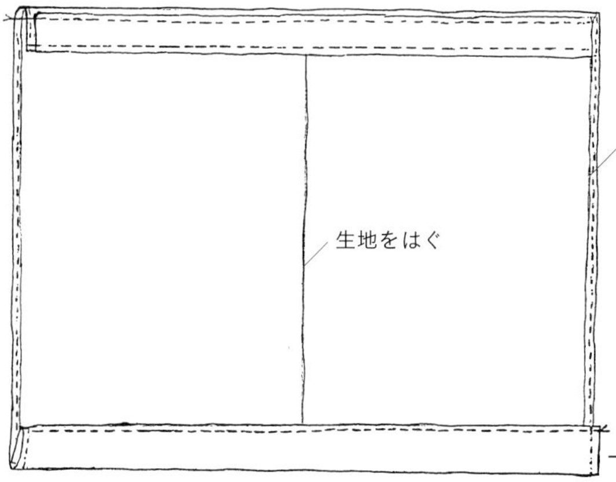

2

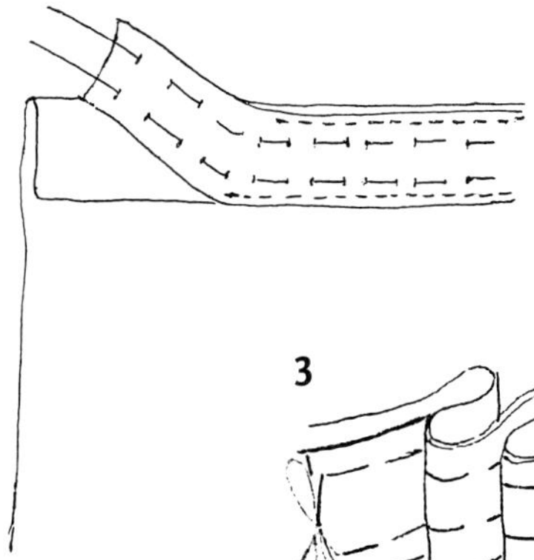

3

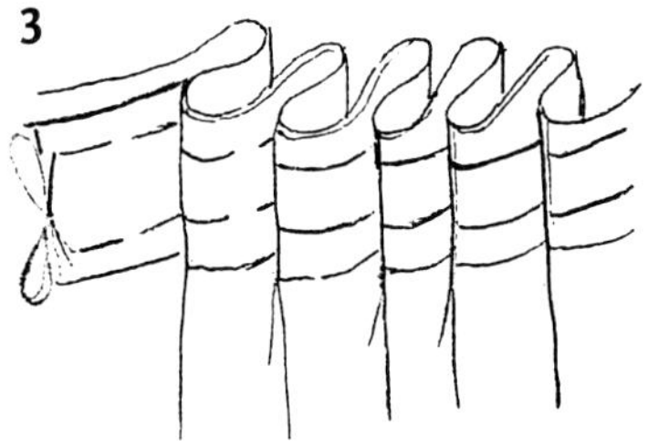

テープのひもを引いてギャザーをよせる

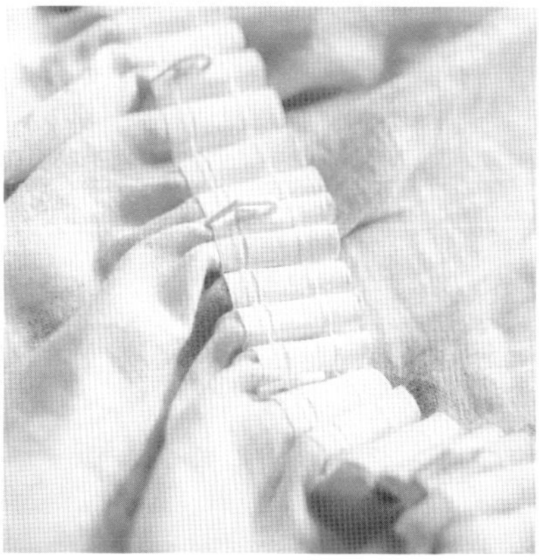

２枚はぎバッグ

材料(40×35cmのバッグ)

リネン生地Ａ(厚めで目も詰んでいる生地)　本体用(55×39cm)、もち手用(57×5cm)２本
リネン生地Ｂ(厚めで目も詰んでいる生地)　本体用(29×39cm)、内ポケット用(19×36cm)
グログランテープ(2.5cm幅)　バッグの口用82cm、もち手の裏57cm×２本、ポケット用19cm

作り方

❶ 2枚の本体生地を図のように縫いしろを１cmとってはぎ合わせ、端はジグザグミシンなどで始末する(図１)。
❷ 外表にしてA布、B布それぞれ半分に折り、底から１cmのところで縫い合わせ、中表にしてもう一度同様に縫う(袋縫い)(図２)。
❸ もち手を作る。生地Aの周囲を１cm内側に折り、上からテープを縫い付ける(図３)。
❹ 内ポケットを作る。生地Ｂは口になる1辺を外側に１cm折り返し、テープを上から縫い付ける。中表に半分に折り、縫いしろを１cmとってわきを縫い、表に返す(図４)。
❺ バッグの口を内側に２cm折り、上からテープを縫い付ける。片面には④の内ポケットもはさみ込んで縫い付ける(図５)。
❻ バッグの外側に、もち手をテープが内側になるように縫い付ける(図６)。

1 本体部分の展開図

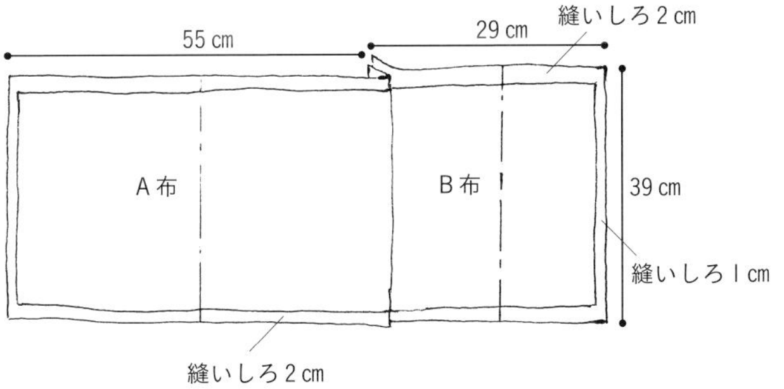

2

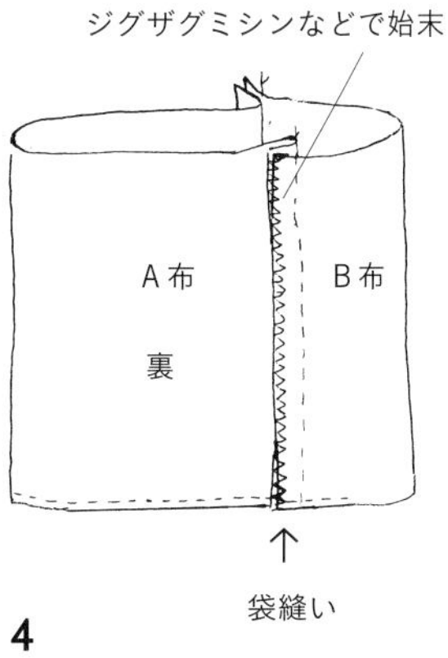

3

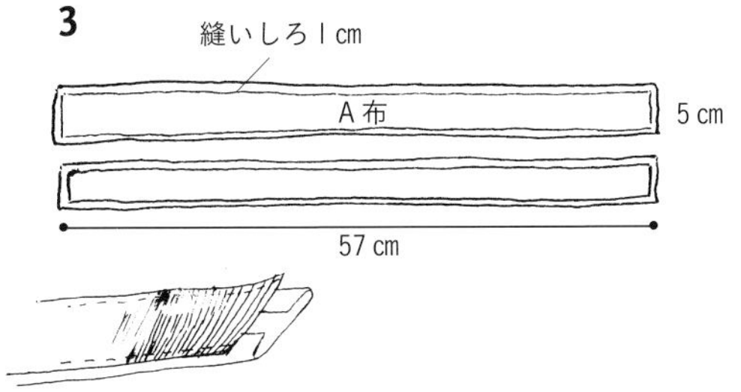

4

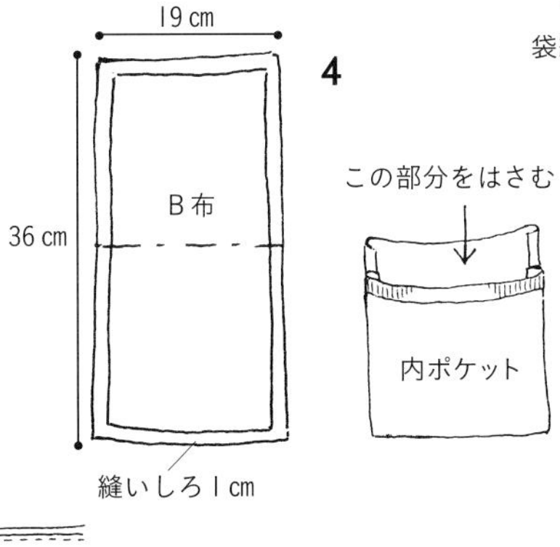

5

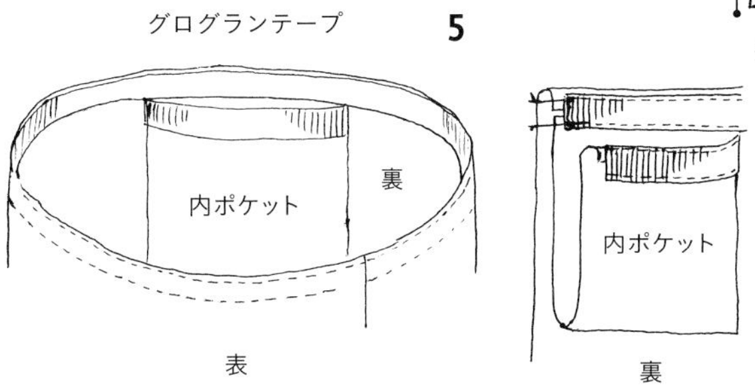

6

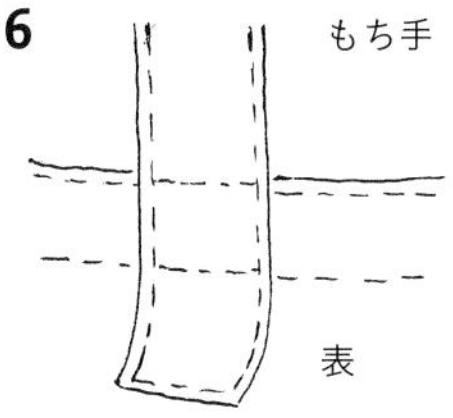

ローマンシェード ▷p58

一見複雑そうでも基本は一枚の布なので、意外と簡単。
裏側に左右等間隔にリングをつけ、
ひもを通して引っ張ることで開け閉めします。
小さな腰高窓などにおすすめ。

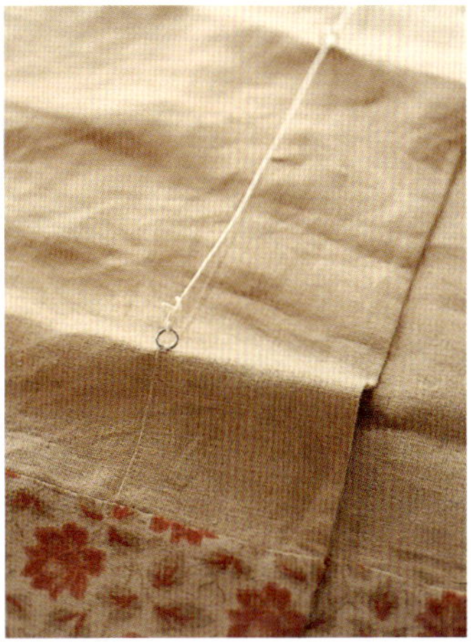

材料

リネン生地Ａ（丈夫で万能、もっとも多用途に使える生地）
（窓の高さ＋６cm）×（窓の幅＋22cm）
リネン生地Ｂ（丈夫で万能、もっとも多用途に使える生地）
24cm×（窓の幅+22cm）*[1]
リング（直径7～8mm）*[2]　この場合は８個。
丸型フック（直径1cmのヒートン）　３個
ひも（ブラインド用昇降コード）　１束
マジックテープ　窓の幅分
角材　２cm角×窓の幅
壁に取り付けるためのネジ　適宜
コードを留めておくための金具（クリート）

★１　生地Ａのみでも作れるが、Ｂを２枚重ねにしているので重みが出てより安定する。
★２　手芸用品売り場などで手に入れることができるが、同様のものなら代用可能。

作り方

❶ 生地Ａの上側は３cmの三つ折り、両サイドは１cm折りさらに９cm折って縫う。
❷ 生地Ｂは二つ折りにし、Ａの下の端に縫いしろ１cmでつける。表から縫い返して裏をまつる（図１）。
❸ 左右の縫いしろの上に、上端から10cm、その後は20cm間隔で、左右同じ位置になるようリングを縫い留める（間隔が狭いほどひだが細かくなる）。上の縫いしろの上にはマジックテープを縫い付ける（図２）。
❹ 角材の前面にマジックテープをタッカーなどで留め、下面には両端から８cmの位置にそれぞれ丸型フックをつけ、さらに右端から２cmの位置にも１個つける。窓の上にネジ留めする。
❺ コードを２本に切り分ける。それぞれを1番下のリングに結びつけて、リングと丸型フックに通していく（仕上がり図、図３）。
❻ マジックテープを張り合わせてカーテンをつける。コードを２本いっしょに揃えてまとめ、引っ張ってカーテンの長さを調節する（図４）。窓枠の右下にコードを 留めておくための金具を取りつけ、巻き付けて留める。

ローマンシェード

1

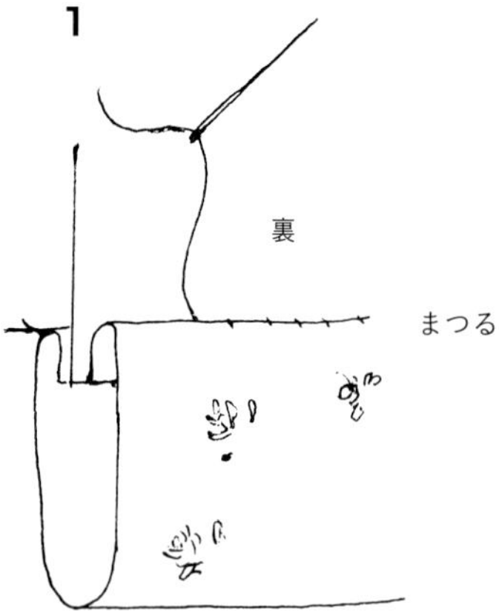

2

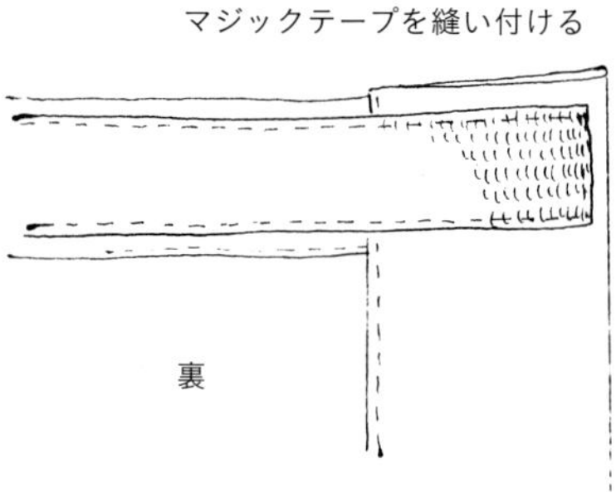

3

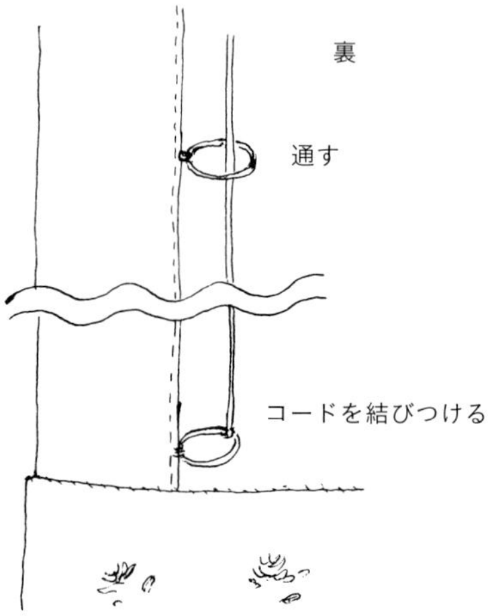

4

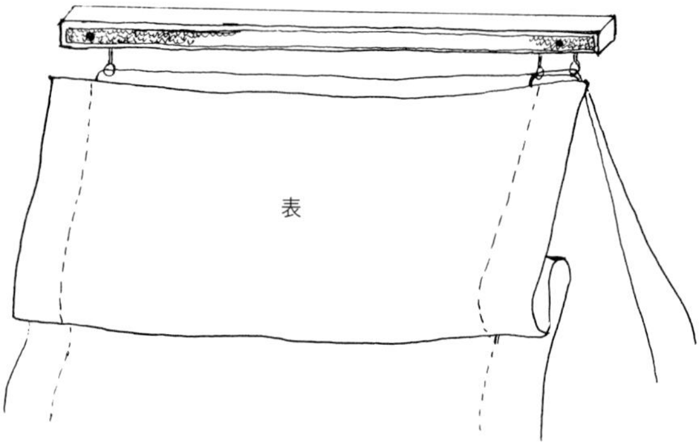

仕上がり図

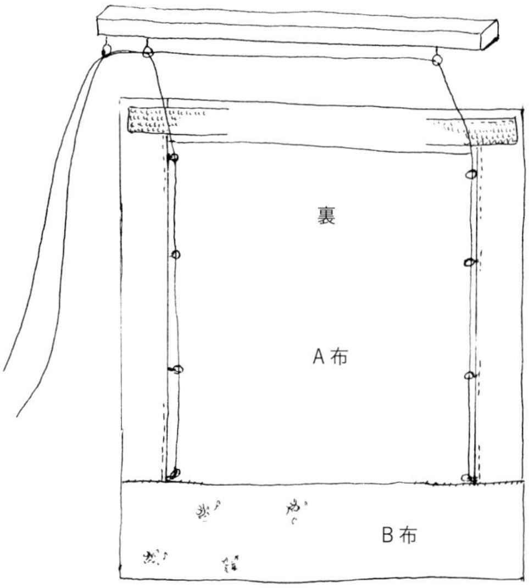

リネンで手作りするにあたって

リネンは天然素材。だからこそ気をつけなければいけない点もあります。
手作りの際によく聞かれる疑問にふれておきましょう。

Q リネン生地は洗うと縮むそうですが、必要量はどのように見積ればよいでしょう？

A P26でもふれたように、リネン生地は最初の洗濯で３〜５％縮んでしまいます(なかには7パーセントほど縮むものもあります)。このため、作りたいものの寸法＋縫いしろぴったりの長さで生地を買ってしまうと、足りなくなってしまう恐れがあります。余裕をもたせて５〜10％長めに購入しておくのがおすすめ。
また、買ってきたらまず１回洗濯し、アイロンで目を整えてから作り始めると、失敗がありません。リネンのテープやリボンについても同じことが言えます。
中には、縮み以外の理由で必ず洗わなければならないものもあります。それは、ツーストライプ、メッペルと呼ばれている、穀物などを輸送する袋用に作られたもの。これらは繊維が十分に処理されていないので、水(またはお風呂の残り湯)に２〜３時間浸すと、にごった水が出てきます。これを十分出しきると、生地の色が浅く、柔らかくなるので、この後もう１度単独で洗濯し、十分に乾かしてから使うとよいでしょう。

Q 生地の裏表や縦横がわかりづらいことがありますが、どう見分けるのですか？
また扱うときに気をつけることはありますか？

A 基本的にはつるんとしていて光沢がある側が表。ですが、実際にはよくわからない場合もあります。もっとも、工場で生地が織り機にのっているとき上側になっているほうが表、下が裏と呼ばれるだけですから、見た目でわからないならば、気にする必要はありません。
また、ふつうは生地の両端を持って引っ張ったとき、あまり伸びない方向が縦、よく伸びるのが横です。ただ縦横についても、それほど神経質になる必要はありません。たとえばカーテンに使う場合も、垂れる方向が必ず縦と決まっているわけではないのです。
生地の表裏や縦横に気をつけなければいけないのは、はぎ合わせる場合です。生地の微妙な調子や伸び方が違ってしまうので、必ず同じ側、同じ方向で合わせてください。

Q リネンの生地で手作りする場合は、リネンの糸を使うほうがよいのでしょうか？

A リネンのミシン糸は非常に手に入りにくいものです。リネンの生地で手作りする場合、コットンやウールなどと同じようにポリエステルやコットンの糸を使ってください。手芸店などで売られているリネンの糸は、ほとんどが刺繍や編み物用のもの。独特の風合いが美しく、ナチュラルに仕上がります。編み物は洗うとゆるむので、ゲージをとるときは洗って乾かしてからのほうがよいでしょう。

Q リネンの生地は大切に使いたいので、はぎれも上手に利用したいと思います。
何かアイディアはありますか？

A 小さなはぎれを使って作れるもののひとつに、くるみボタンがあります。手芸店で「くるみボタンキット」を手に入れれば、作り方はとても簡単。ボタンの直径の２倍程度に生地を丸く切って専用のケースに入れ、キュッキュッと裏側を貼り付ければあっという間。さまざまな大きさのものを作ることもできます。
生地がリボン状に細長く余ったら、コサージュを作ることもできます。端から２〜３㎜のところをぐし縫いにし、糸を引っ張りながらくるくると丸め、花びらの様子を見て巻いていき、最後にしっかり縫い留めます。

リネンバード　the linen bird

リネンを使ったナチュラルでシンプルな暮らしをテーマに、キッチン、テーブル、バス、ベッドまわりのものからラウンジウェア、雑貨などのリネン製品、そして手作りのための生地や糸、リボン類などさまざまなリネンを独自のセレクションで扱うお店。特に生地の種類が充実しており、手作り好きの人たちが全国から集まってきています。ベルギーリネンの老舗リベコ社の製品のほか、フランス、イタリア、スイス、リトアニアなどのリネンも豊富。オーセンティックな味わいのプリントが人気の「CABBAGES & ROSES」のファブリックも展開。
http://www.linenbird.com/

リネンバード二子玉川
〒158-0094 東京都世田谷区玉川3-9-7
TEL 03-5797-5517　FAX 03-5797-5518
営業時間　10:30-19:30　無休

リネンバード日本橋
〒103-8001 東京都中央区日本橋室町1-13-10 三越日本橋本店新館8階
TEL & FAX 03-3273-8424
営業時間　10:00-19:30　定休日は三越日本橋本店に準ずる

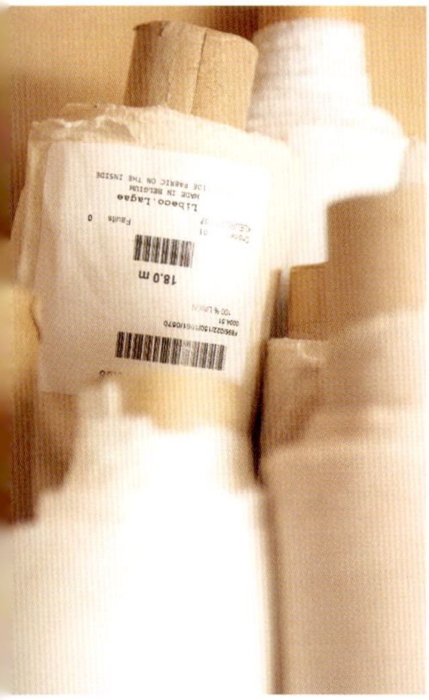

撮影　小泉佳春、リネンバード（41、43、77、79ページ）
ブックデザイン　縄田智子　L’espace
構成・文　武富葉子
作り方イラスト　リネンバード

リネン屋《や》さんのリネンの本《ほん》

2006年2月25日　初版第1刷発行
2009年5月15日　初版第2刷発行

著　者　リネンバード
発行者　菊池明郎
発行所　株式会社筑摩書房
〒111-8755 東京都台東区蔵前2-5-3
振替 00160-8-4123
印　刷　凸版印刷株式会社
製　本　凸版印刷株式会社

乱丁・落丁本は、お手数ですが下記にご送付ください。送料小社負担でお取り替えいたします。
ご注文、お問い合わせも下記にお願いします。
〒331-8507 さいたま市北区櫛引町2-604
筑摩書房サービスセンター
TEL 048-651-0053

ISBN4-480-87771-1　C0077